iveau
e lecture
3

Tous lecteurs

Documentai

Le corps humain

Sally Odgers

traduit par Lucile Galliot

hachette
ÉDUCATION

Sommaire

hachette s'engage pour l'environnement en réduisant l'empreinte carbone de ses livres. Celle de cet exemplaire est de :
250 g éq. CO_2
Rendez-vous sur www.hachette-durable.fr

ISBN : 978-2-01-117605-9

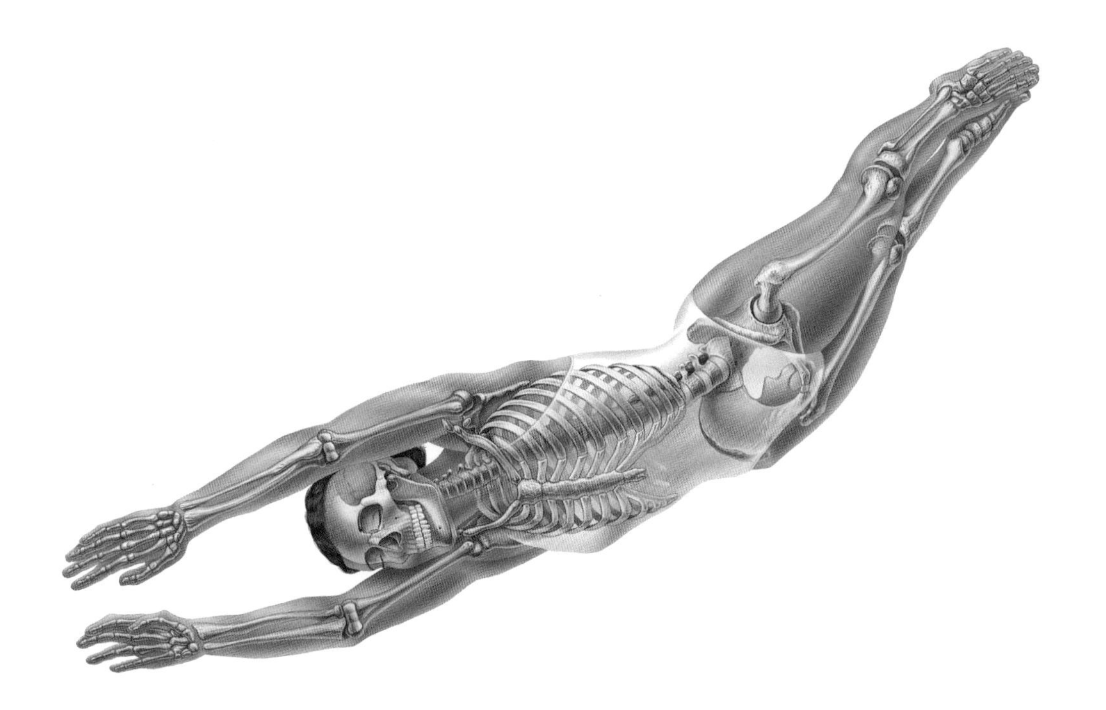

Notre corps est un organisme* incroyable : nos os, nos muscles, nos organes* et les cellules se complètent et remplissent tous des rôles bien précis. Grâce à eux, nous pouvons respirer, manger, bouger, parler...

Les cellules

Comme tous les organismes* vivants, notre corps est constitué de millions de cellules*. Elles ont différentes fonctions. Par exemple, les cellules sanguines* ont pour rôle de transporter l'oxygène*.

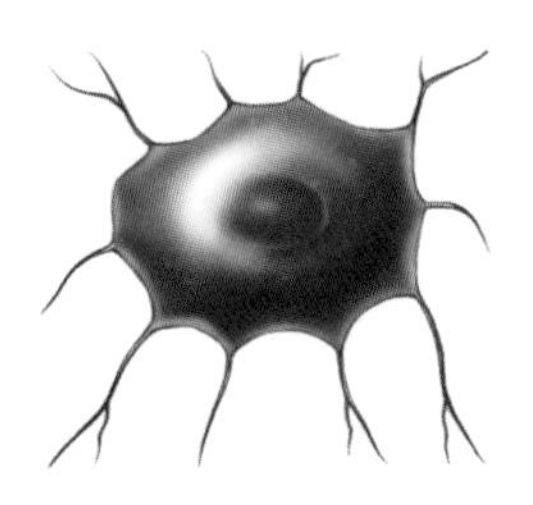

une cellule osseuse

une cellule sanguine*

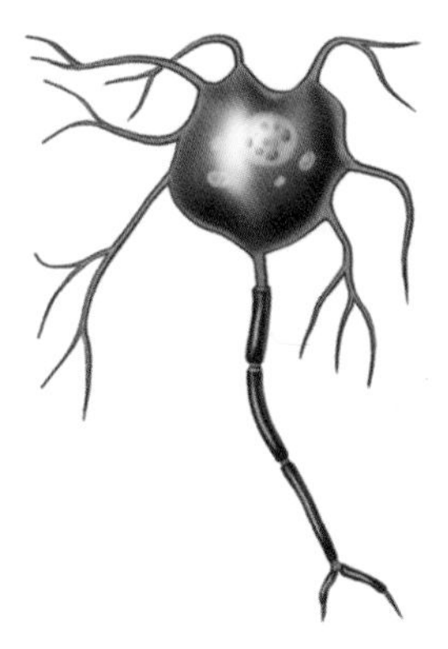

une cellule nerveuse

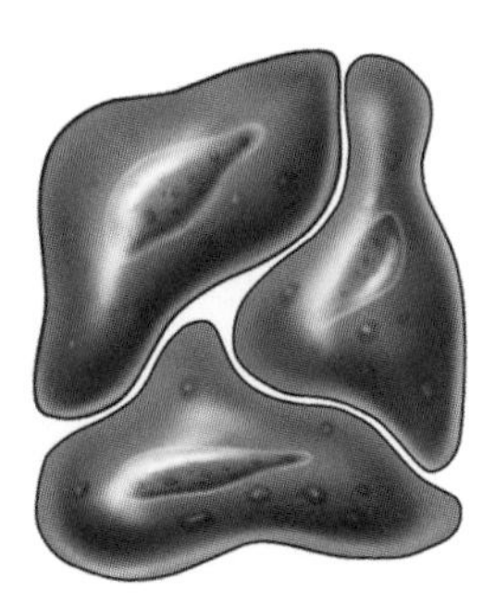

une cellule de peau

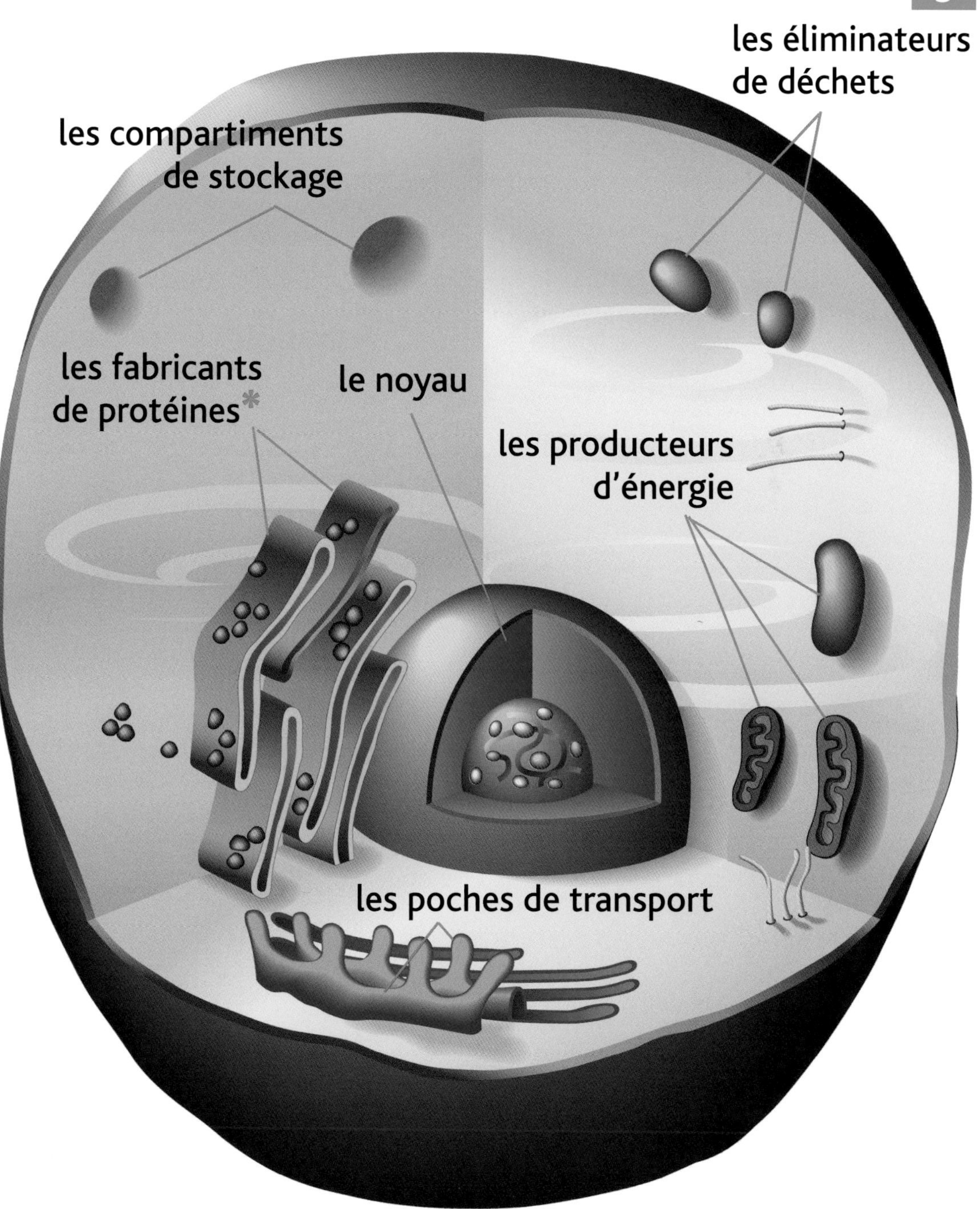

Le noyau est l'élément central d'une cellule :
il en contrôle les différentes parties.

Le cœur

Le cœur est un muscle puissant
qui agit comme une pompe.
À chacun de ses battements,
il envoie du sang dans les vaisseaux
sanguins* (veines*, artères*...).

Le pouls

Pour sentir battre
ton cœur, il suffit
de poser deux doigts
sur l'intérieur du poignet.
À l'aide d'un chronomètre,
tu peux alors compter
les battements de
ton cœur : c'est ton pouls*.

Le muscle du cœur se contracte* en moyenne
75 fois par minute pour envoyer du sang
dans l'ensemble de notre corps.

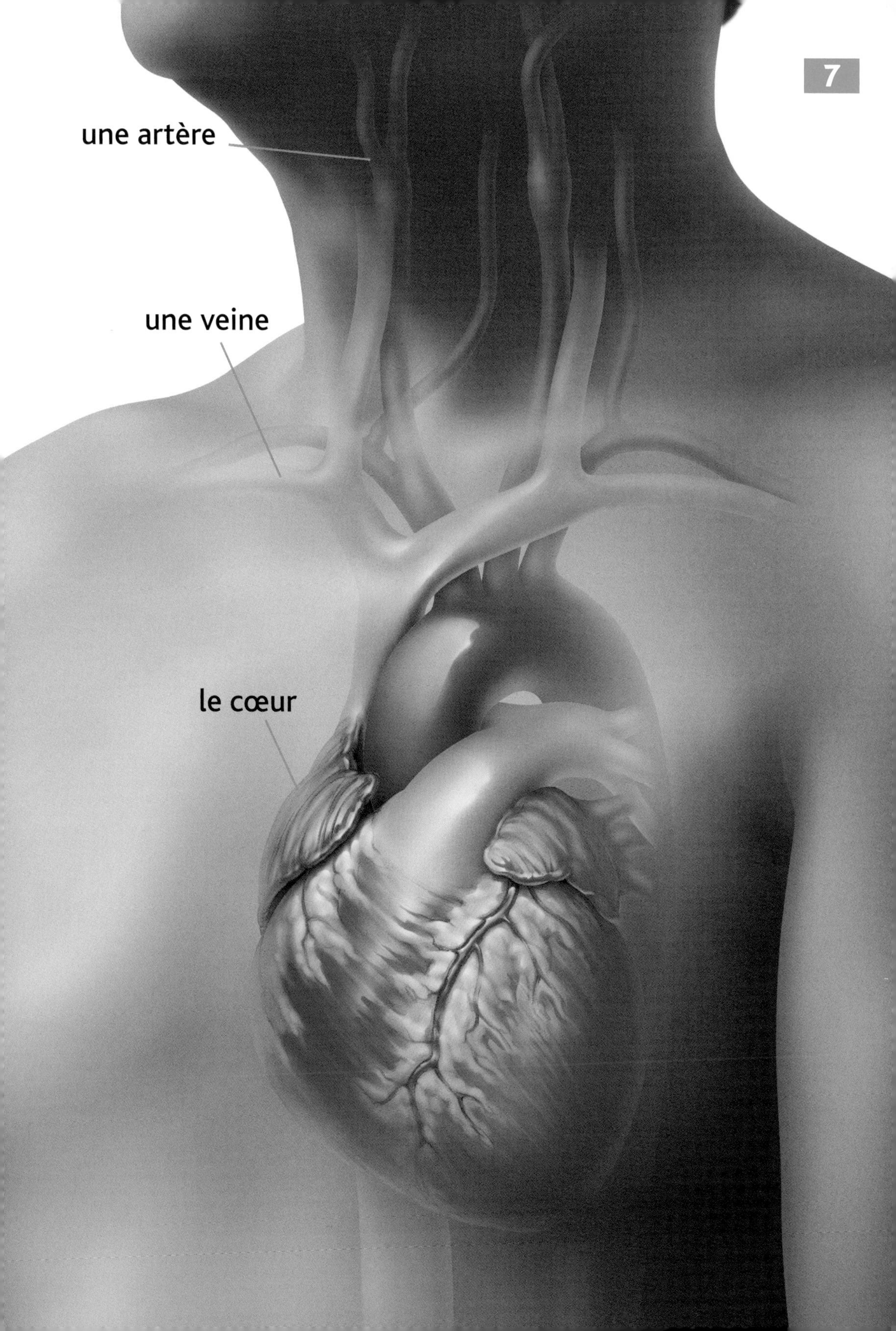
une artère
une veine
le cœur

Les poumons

Notre corps a besoin d'oxygène*
pour vivre. Celui-ci entre par le nez,
passe par la trachée*,
puis par les bronches
et arrive aux poumons.
Là, il pénètre
dans notre sang.

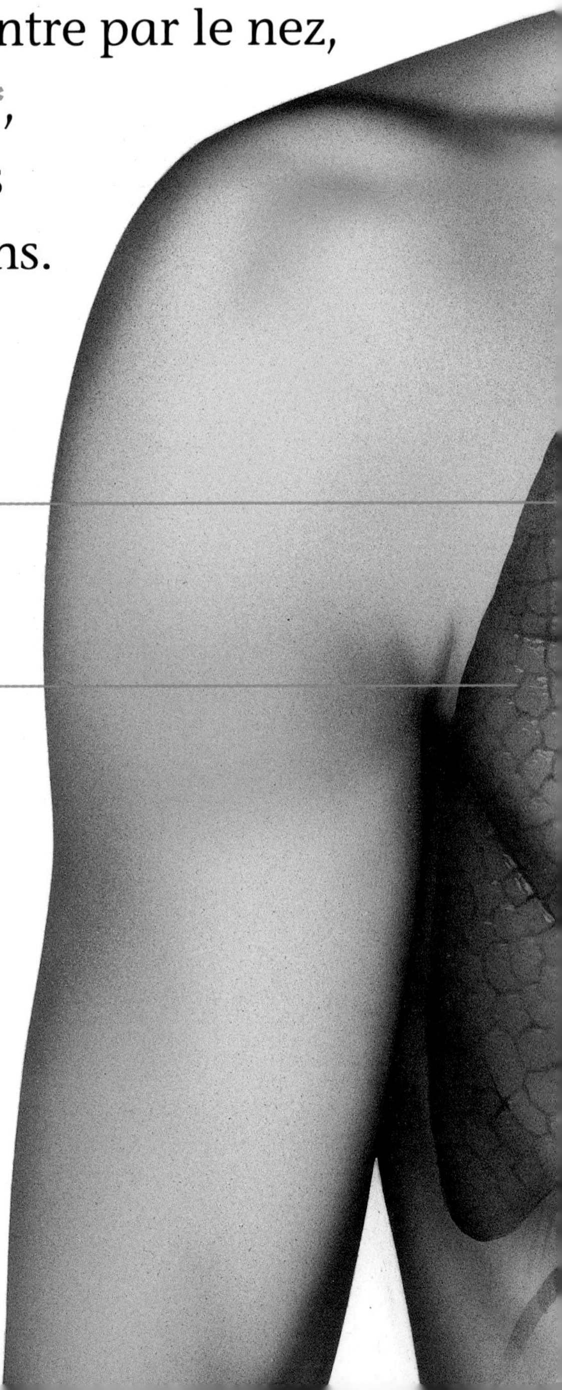

une bronche

un poumon

Le cœur envoie le sang
riche en oxygène
dans toutes les parties
de notre corps.

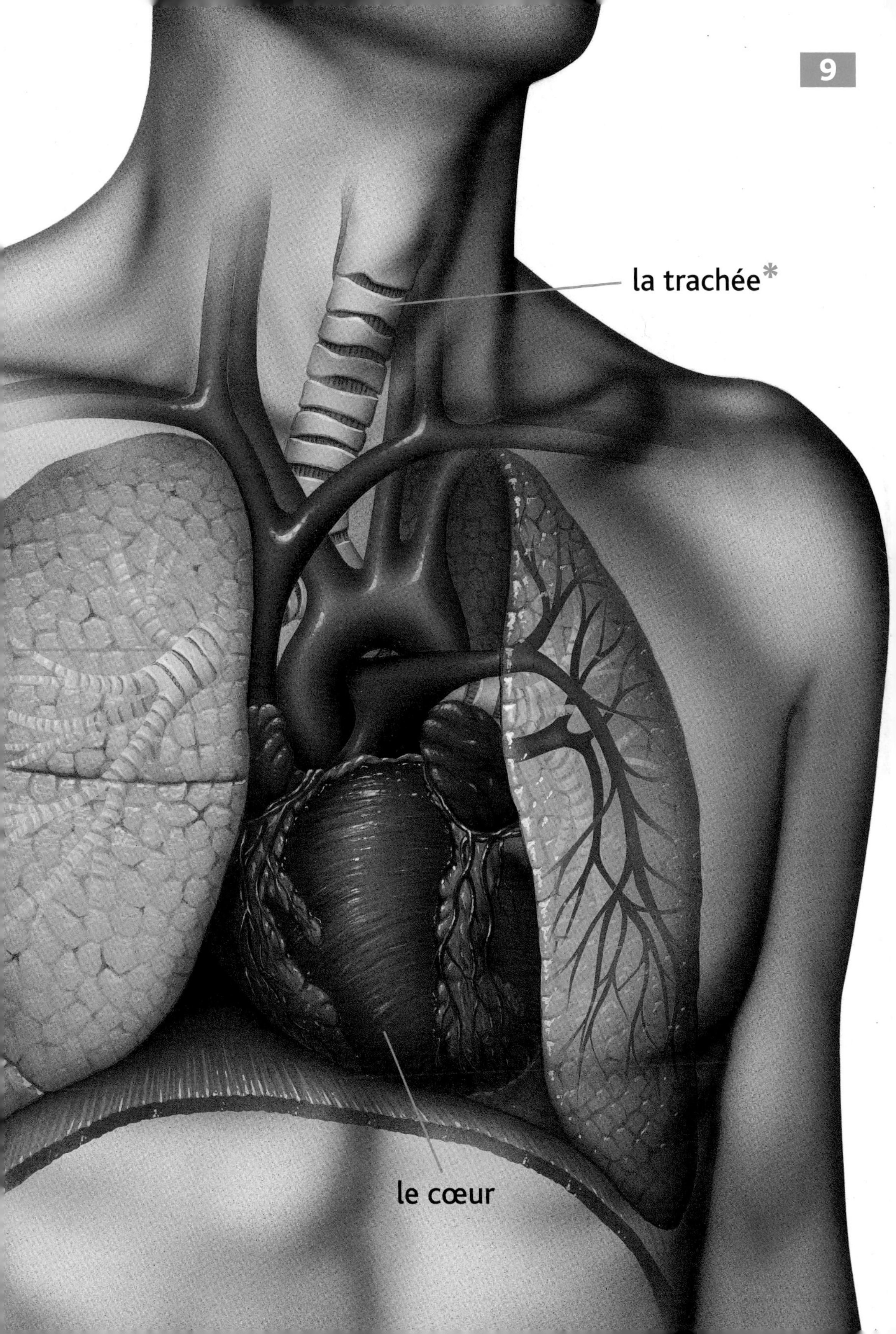
la trachée*
le cœur

Le squelette

L'ensemble des os qui soutient notre corps s'appelle « le squelette ». Ces os sont solides. Il en existe de toutes les tailles et de toutes les formes.

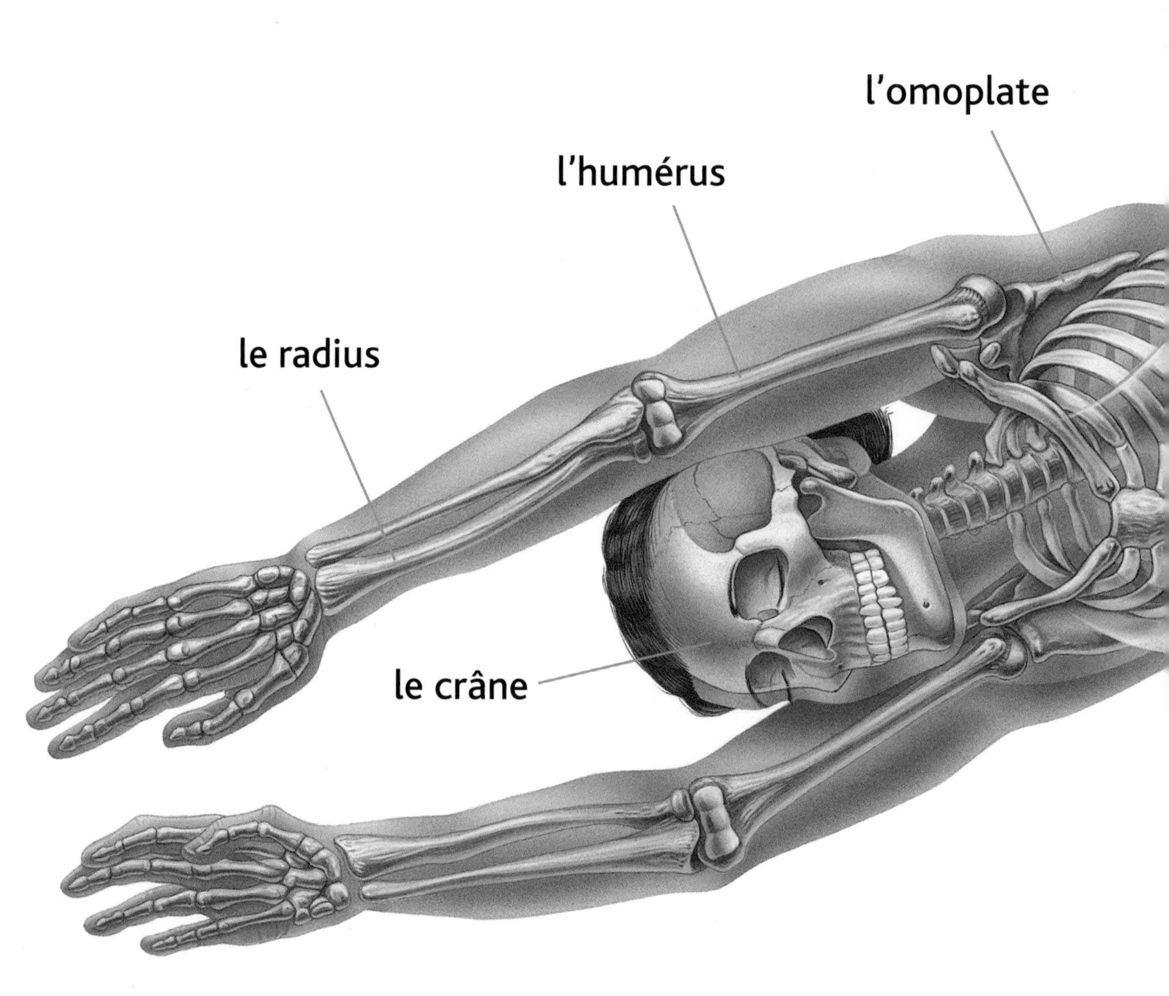

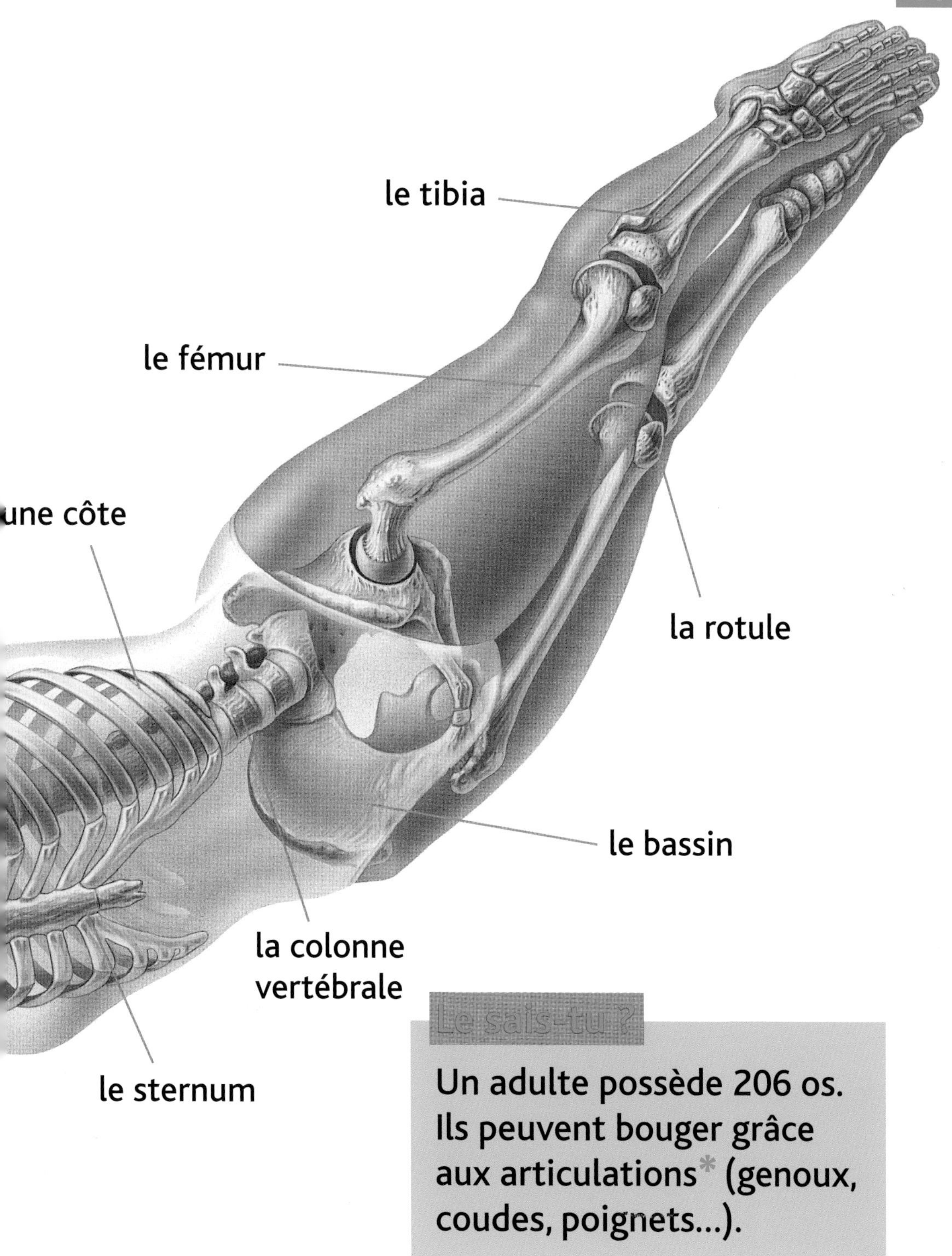

Le sais-tu ?

Un adulte possède 206 os. Ils peuvent bouger grâce aux articulations* (genoux, coudes, poignets...).

Les muscles

Les muscles sont des tissus* attachés aux os par les tendons*. En se contractant*, ils permettent à notre corps de faire de nombreux mouvements différents.

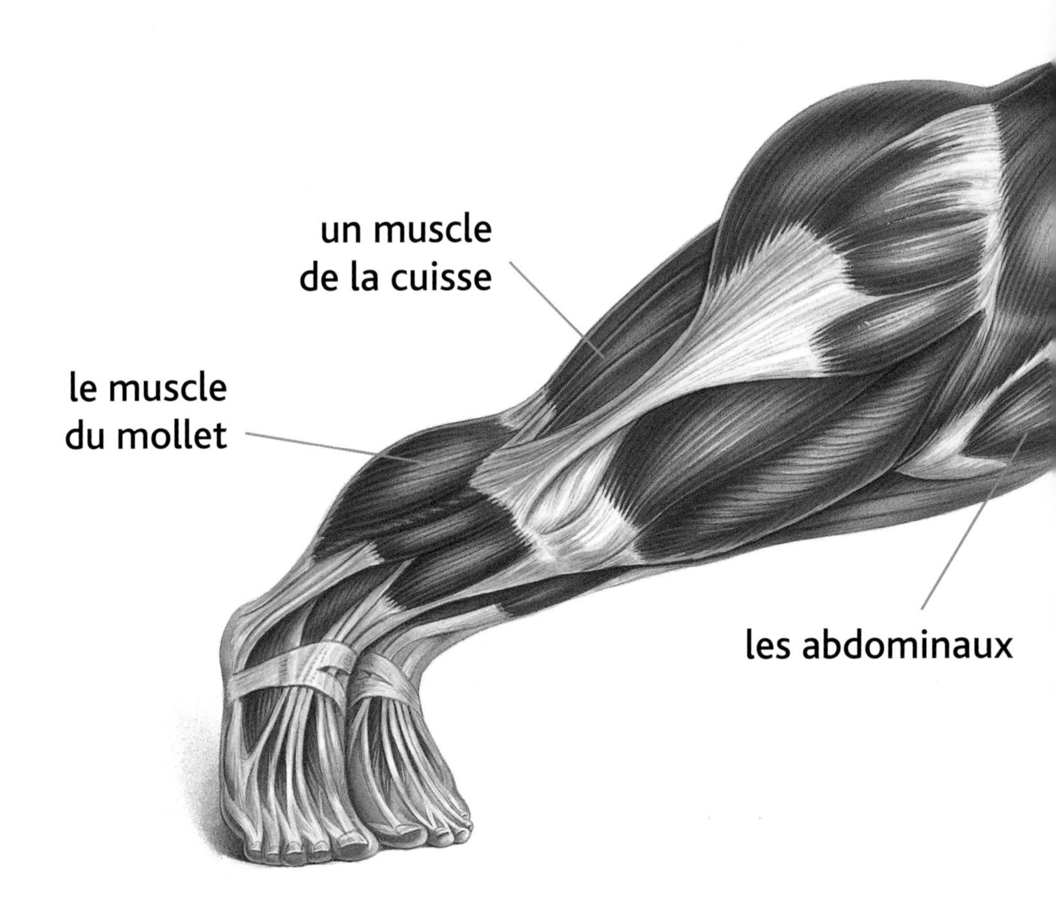

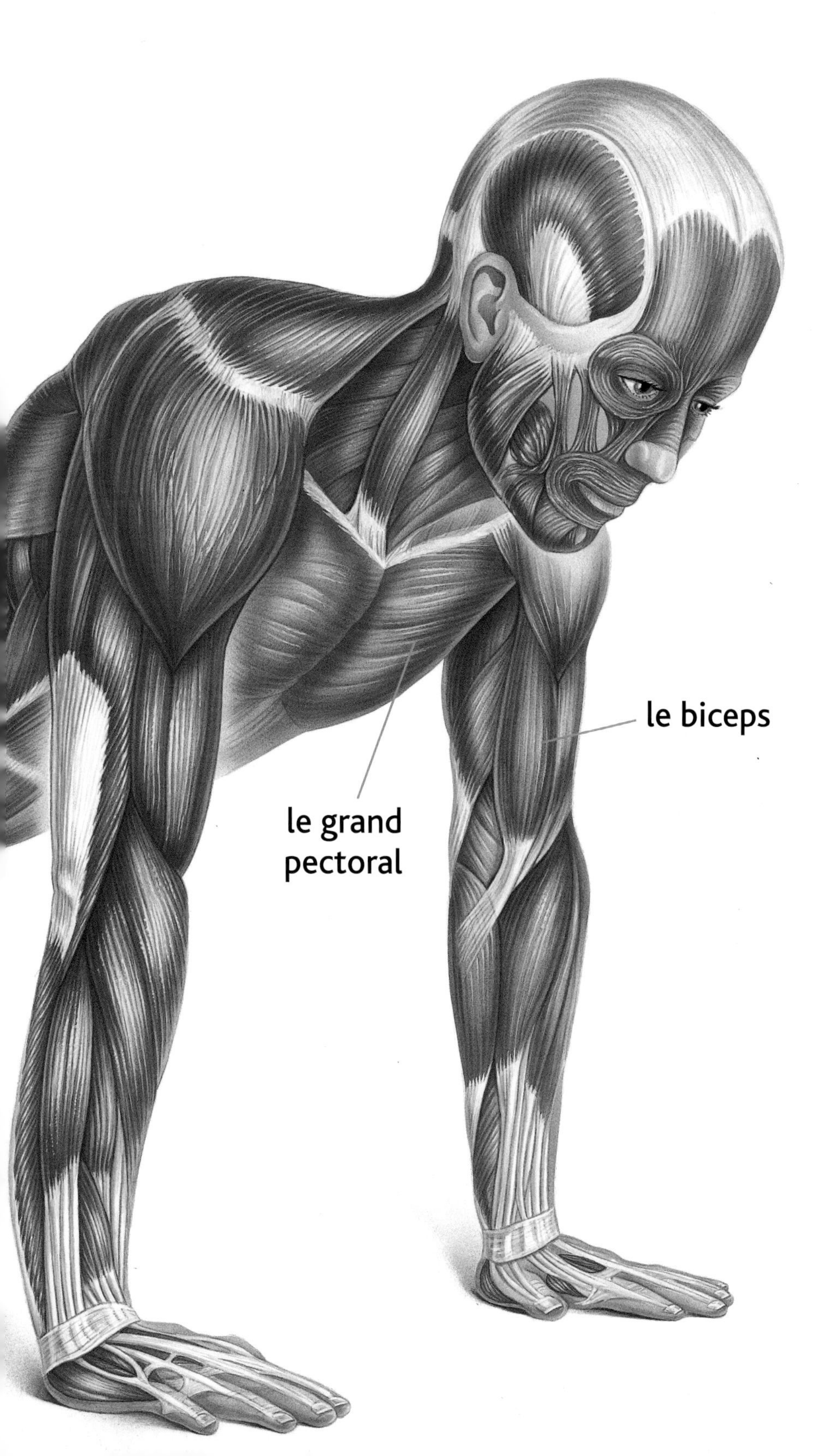
le biceps
le grand
pectoral

Les ongles et les poils

Les poils et les ongles sont constitués de kératine*. Notre corps est en partie couvert de poils courts. Des poils plus longs couvrent notre tête : ce sont les cheveux.

Les ongles

Si tu ne les coupes pas, les ongles peuvent devenir très longs.

Les poils et les ongles ont la même fonction : protéger certaines parties de notre corps (nos doigts, nos orteils, notre crâne...).

de longs cheveux
un ongle
de pied
un ongle
de la main

Les dents

Il existe plusieurs sortes de dents de tailles et de formes différentes. Certaines nous servent à couper, d'autres à déchirer ou à mâcher la nourriture.

Les dents sont constituées de dentine* et recouvertes d'émail*.

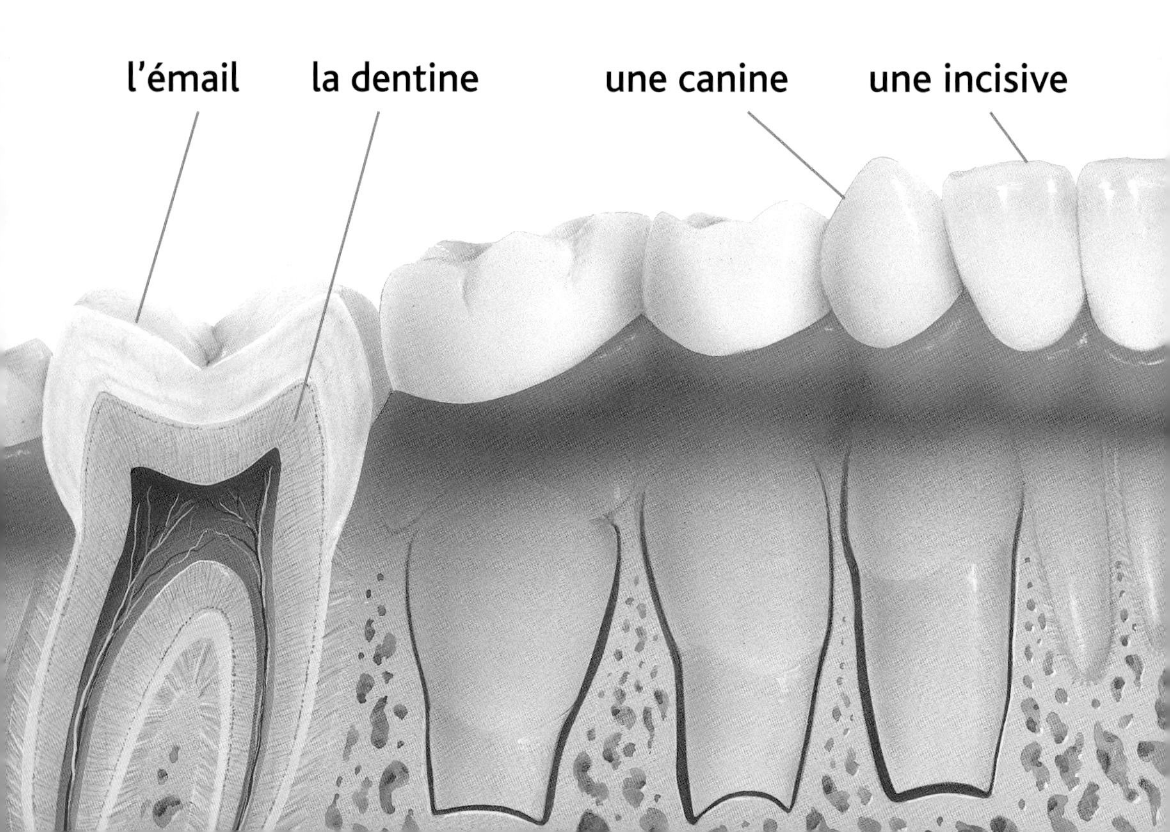

Les mâchoires

Nos mâchoires supérieure et inférieure portent chacune une rangée de dents. Elles permettent de broyer les aliments. Au total, un adulte a 32 dents : 8 incisives, 4 canines, 8 prémolaires et 12 molaires.

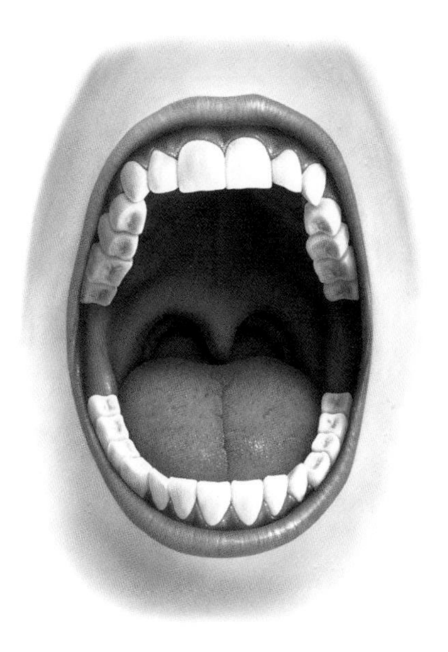

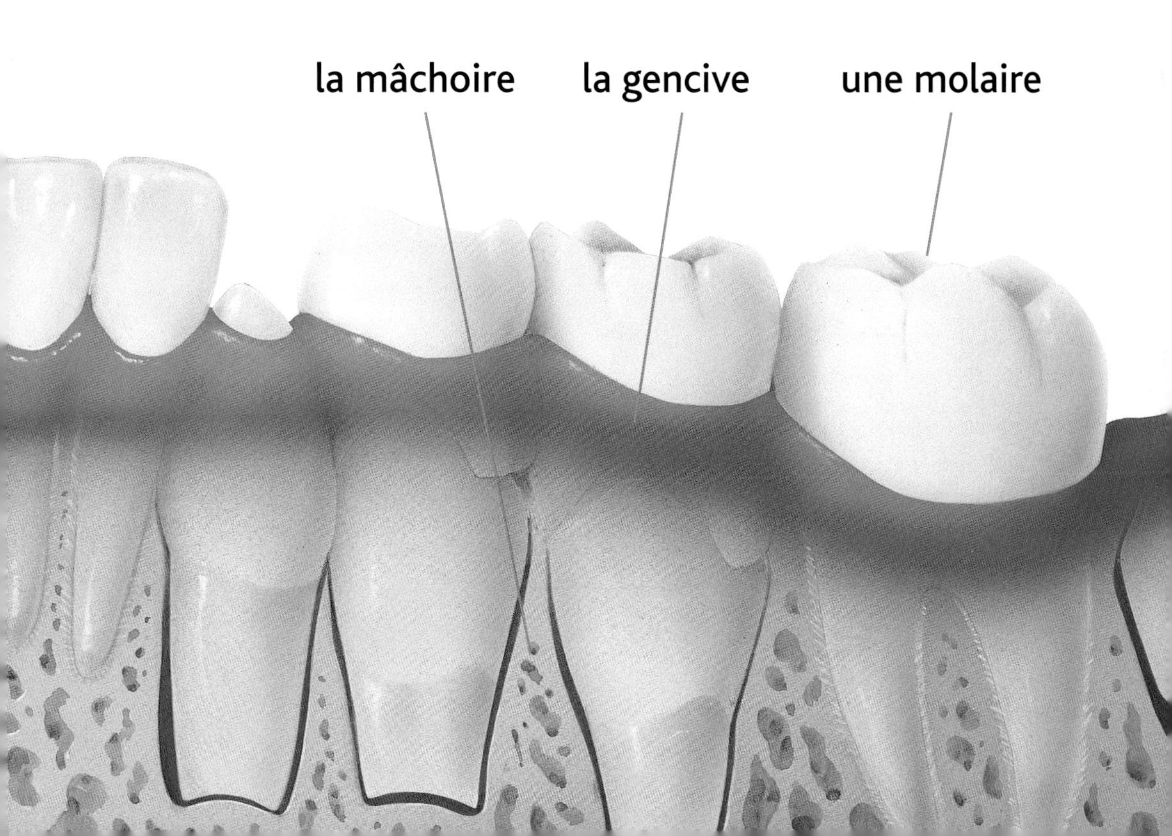

L'appareil digestif

La nourriture est le « carburant » de notre corps. Après l'avoir mâchée, nous l'avalons. Elle est ensuite digérée par un ensemble d'organes* qui constitue l'appareil digestif*.

Une fois digérée, la nourriture fournit l'énergie nécessaire au fonctionnement de notre corps. Elle renforce aussi nos os et nos muscles.

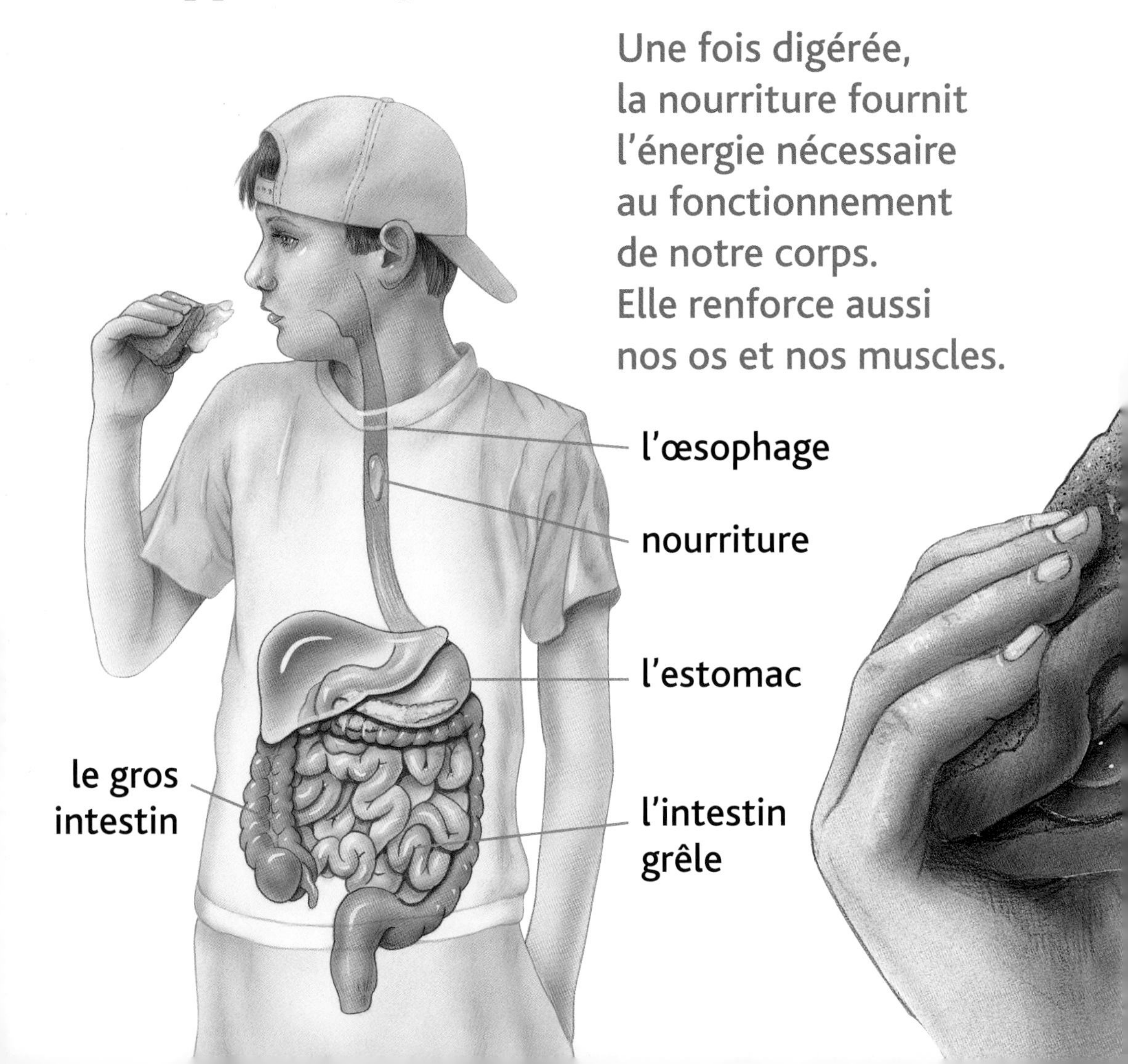

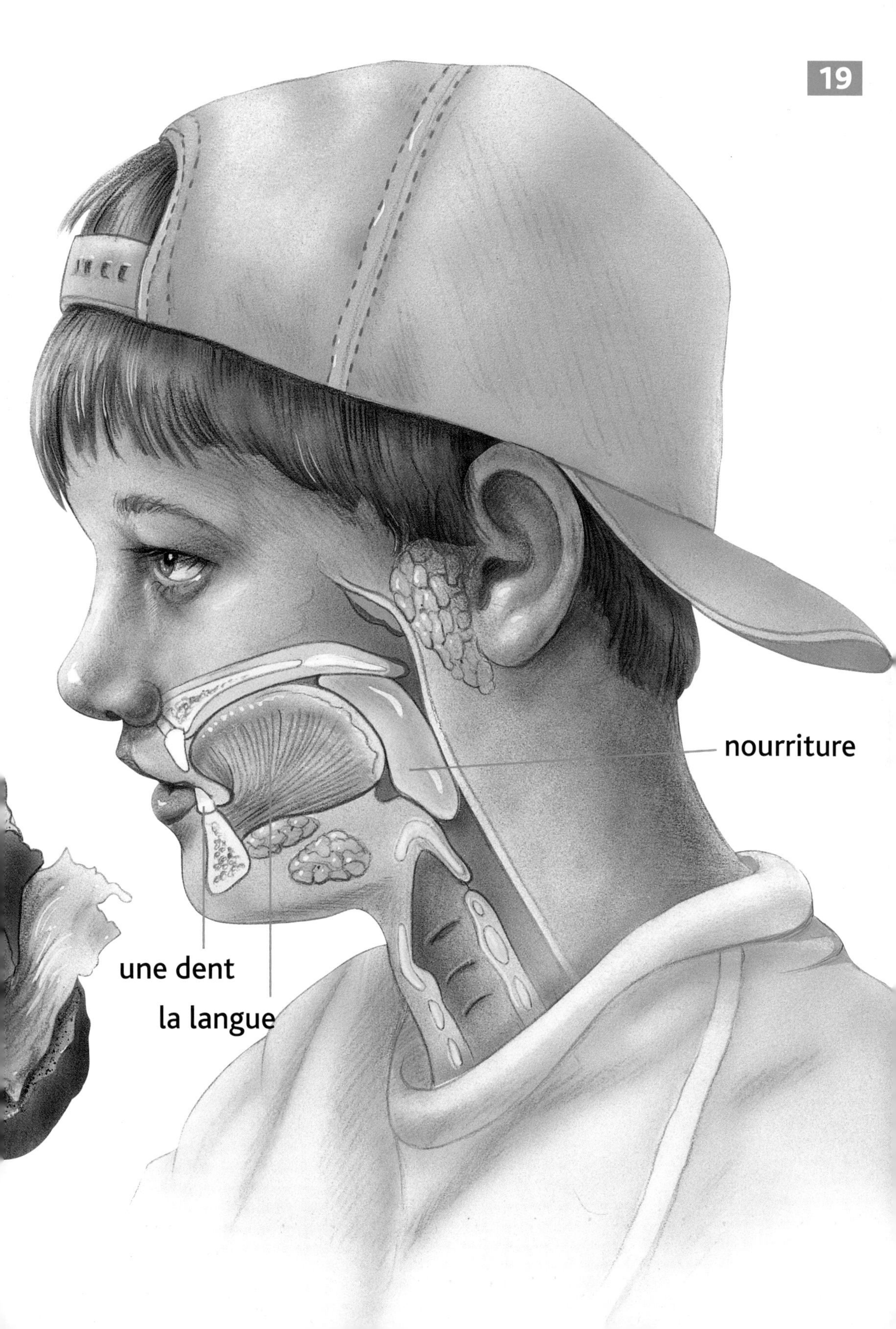
nourriture
une dent
la langue

Le cerveau

Notre cerveau contrôle de nombreuses fonctions de notre corps : la parole, le mouvement, le sommeil… Il traite également les informations qui proviennent de nos sens, comme la vue ou le goût.

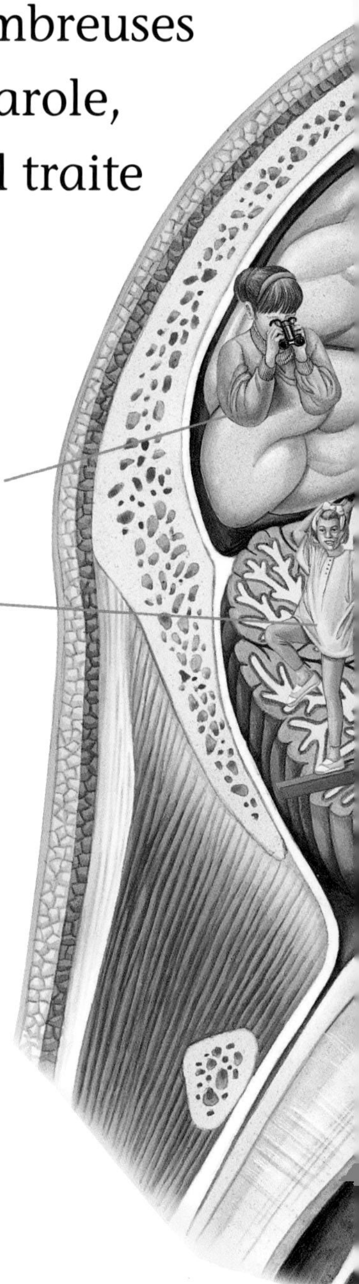

la vue

l'équilibre

Notre cerveau ne s'arrête jamais de fonctionner, même lorsque nous dormons.

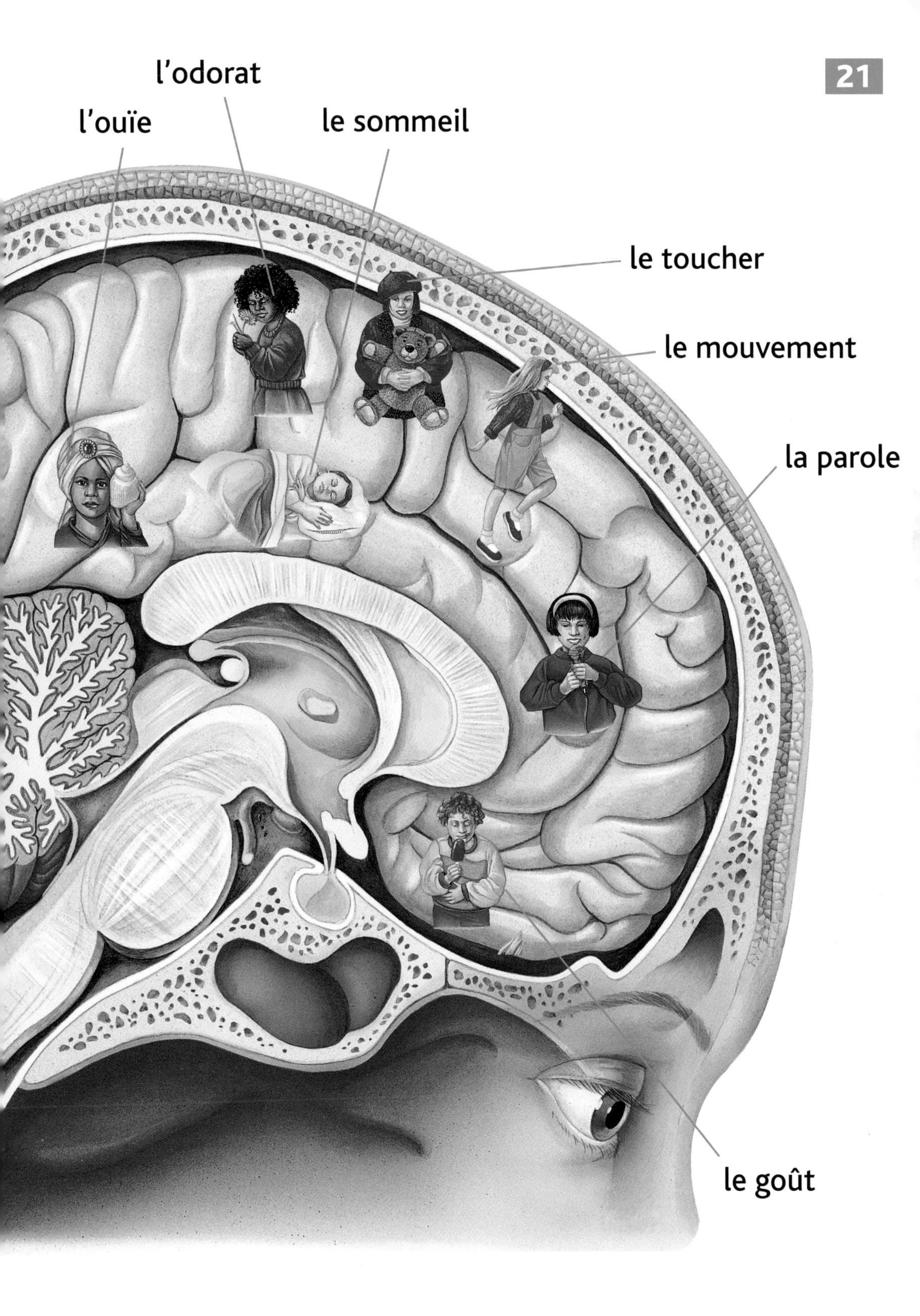
l’odorat
l’ouïe
le sommeil
le toucher
le mouvement
la parole
le goût

Les yeux

Nos yeux sont comme deux fenêtres ouvertes sur le monde. Ils transmettent les images perçues au cerveau, lequel se charge de les analyser.

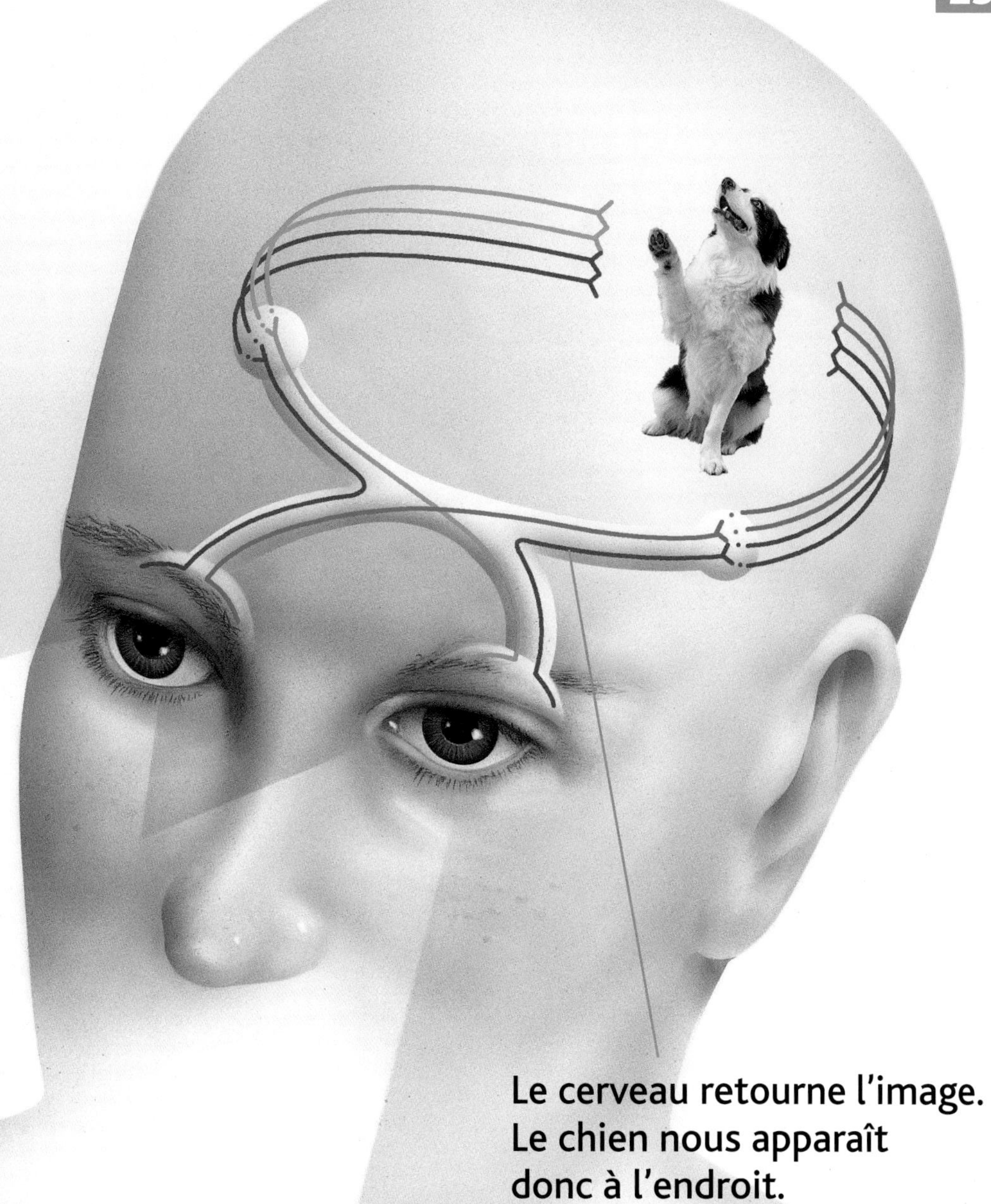

Le cerveau retourne l'image.
Le chien nous apparaît
donc à l'endroit.

Notre cerveau nous permet de comprendre ce que nos yeux voient.

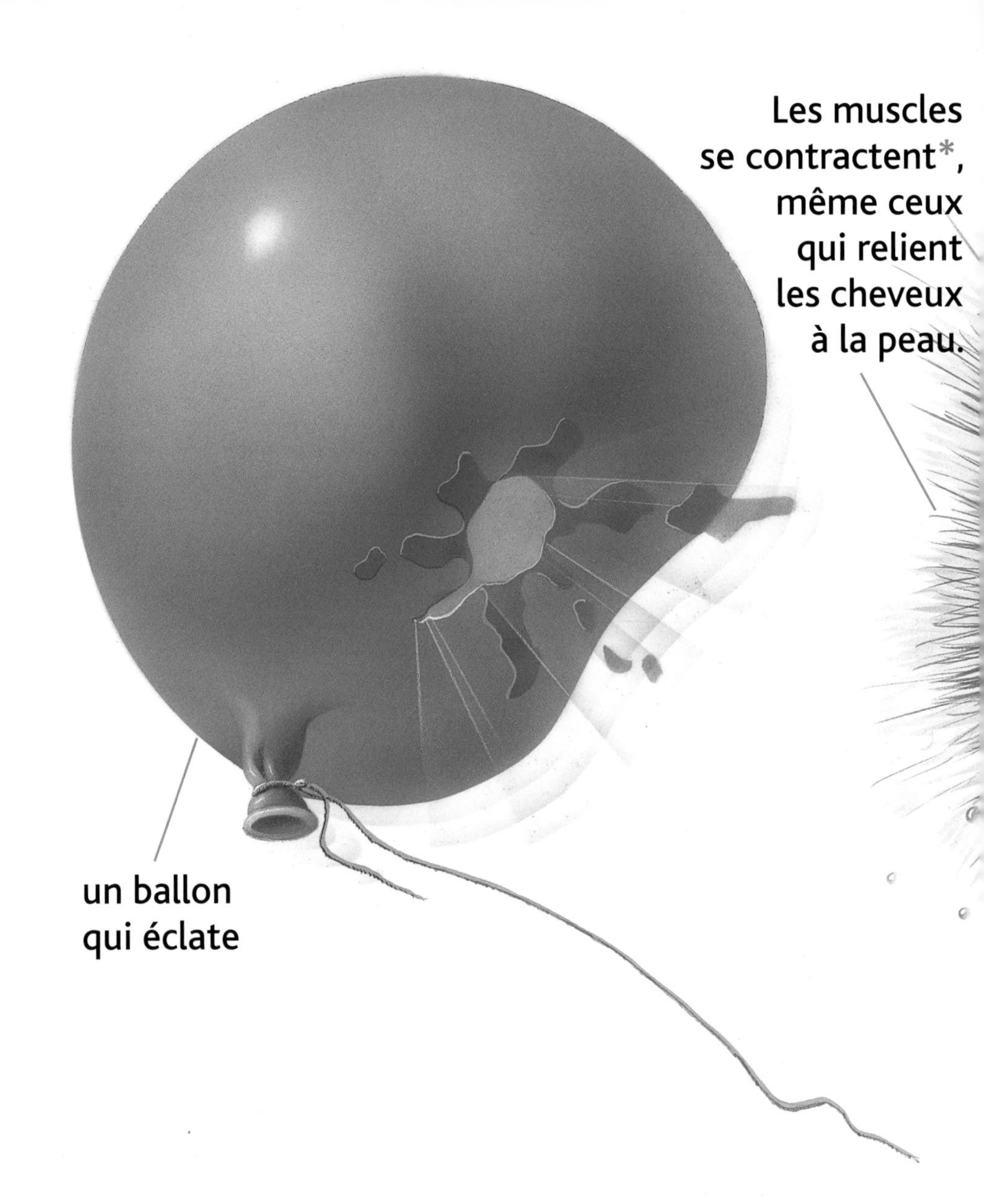

Les réflexes

Lorsque notre cerveau capte la présence d'un danger, notre corps réagit par réflexe*.

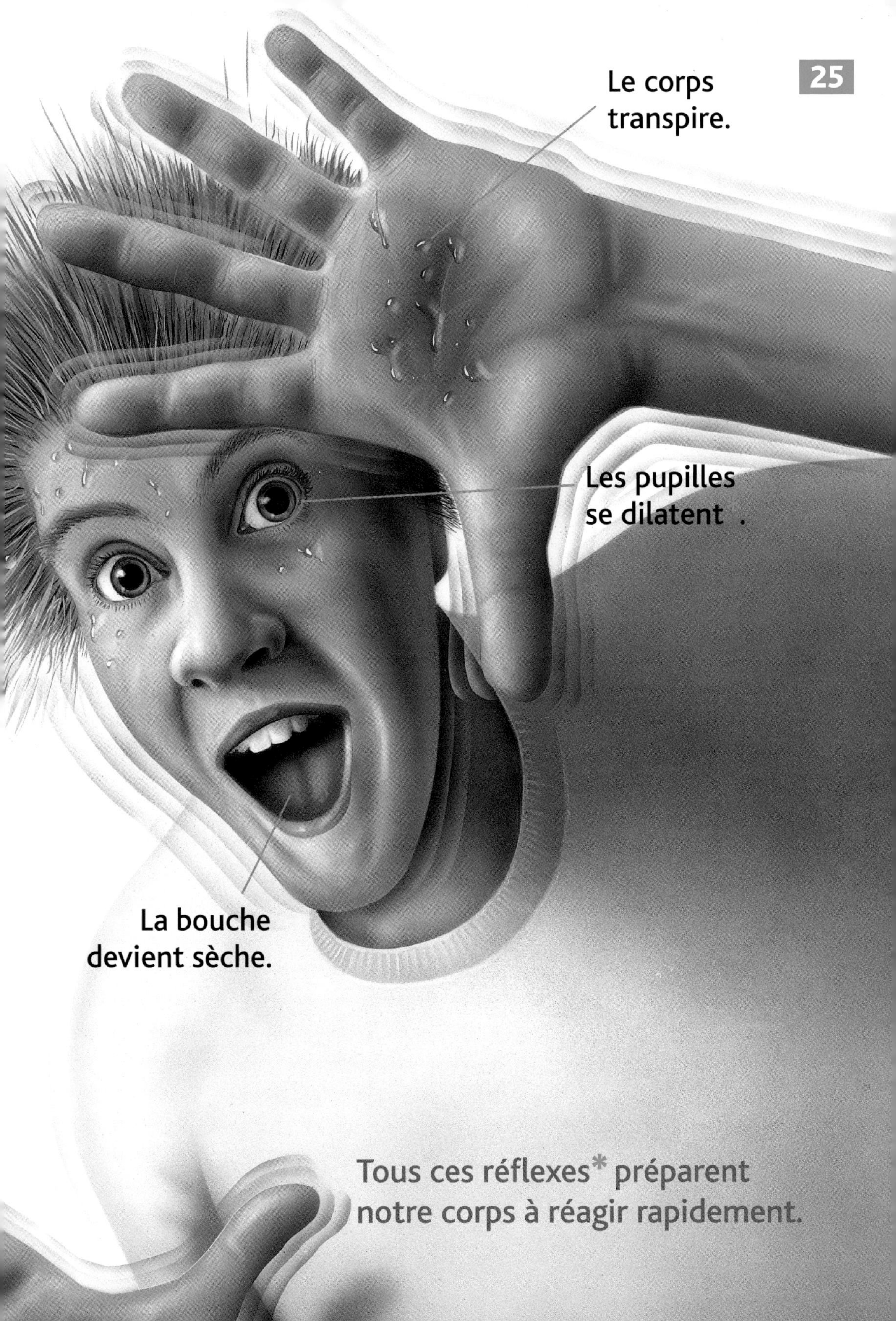

Tous ces réflexes* préparent notre corps à réagir rapidement.

Un corps actif

Pour être en bonne santé, notre corps a besoin de faire de l'exercice. Pratiquer des activités sportives fait travailler le cœur, les poumons et les muscles.

le deltaplane
Certaines personnes aiment pratiquer l'escalade ; d'autres préfèrent voler en deltaplane.
la course à pied
l'escalade

Un corps souple

La souplesse* de notre corps nous permet de nous étirer, de nous pencher en avant ou en arrière. Plus on est souple, plus on est à l'aise pour effectuer des mouvements.

des enfants qui font des acrobaties

Certaines personnes possèdent une souplesse* incroyable. Avec de l'exercice, tout le monde peut devenir un peu plus souple.

Quiz

Remets ces lettres dans le bon ordre puis associe chaque mot à l'image qui lui correspond.

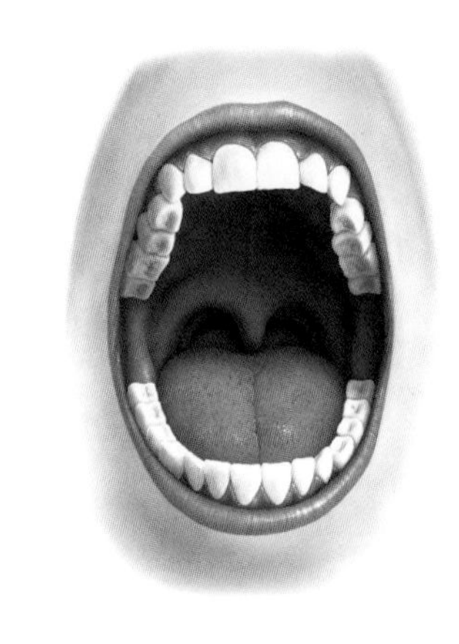

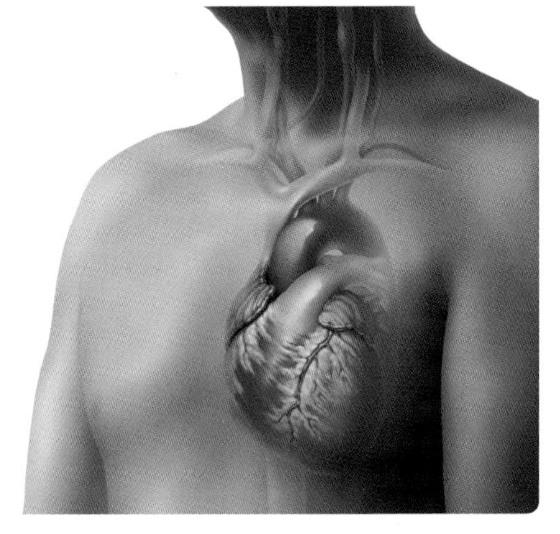

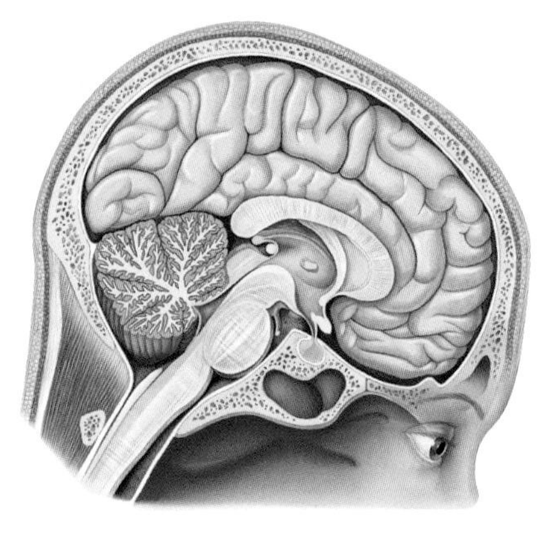

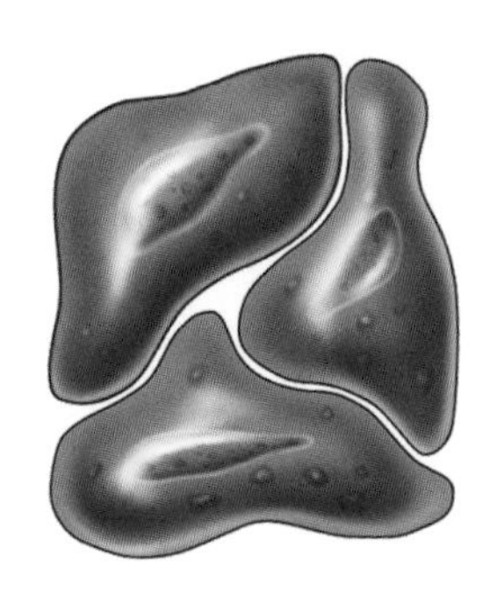

TDNES

ECLEULL ED EUPA

UCARVEE

CEROU

Lexique

appareil digestif : ensemble des organes qui permettent la digestion (œsophage, estomac, intestins…).

artère : gros vaisseau sanguin qui transporte le sang depuis le cœur vers le reste du corps.

articulation : jonction de deux os qui leur donne une mobilité l'un par rappport à l'autre.

cellule : élément très petit qui constitue tout organisme vivant.

cellule sanguine : cellule du sang.

dentine : matière dure, aussi appelée « ivoire », située à l'intérieur de la dent.

émail : matière blanche et brillante qui recouvre la dent.

kératine : protéine dure qui compose les ongles, les cheveux et les plumes.

organe : partie du corps qui remplit une fonction particulière.

organisme : ensemble des organes qui constituent un être vivant.

oxygène : élément de l'air dont nous avons besoin pour respirer.

pouls : battement du sang dans les artères.

protéine : élément qui sert à la construction et au renouvellement des cellules du corps.

réflexe : réaction automatique du corps.

se contracter : se rétrécir.

se dilater : s'agrandir.

souplesse : qualité de ce qui se plie facilement.

tendon : extrémité d'un muscle qui le relie à un os.

tissu : ensemble de cellules du corps qui possèdent la même fonction.

trachée : tuyau qui relie la gorge aux bronches et qui permet le passage de l'air qu'on respire.

vaisseau sanguin : canal qui sert à la circulation du sang.

veine : petit vaisseau sanguin qui transporte le sang depuis les organes vers le cœur.

Crédits photographiques : 1, 14 g., 28 et 29 : iStock ;
6 g. et 15 : Ad-Libitum/Mihal Kaniewski.
Mise en pages : Cyrille de Swetschin

Achevé d'imprimer en France par Chirat - 42540 Saint-Just-la-Pendue - N° 201901.0115
Dépôt légal : Février 2019 - Collection n° 36 - Édition 07 - 11/7605/6